# JEC-3409-1999

電気学会　電気規格調査会標準規格

# 高圧(6kV)架橋ポリエチレンケーブル用接続部の試験法

## 緒　言

### 1. 制定の経緯と要旨

　高圧(6kV)架橋ポリエチレンケーブル用接続部の試験法については，国内に統一規格がなく，「日本電力ケーブル接続技術協会(JCAA)規格」，電気事業連合会の「電力規格」および各使用者が定める規格により運用されている実態にあった。そこで，電気学会「地中配電ケーブル用接続部技術動向調査専門委員会」において国内外の接続部の構造と試験方法に関する調査が行われ，平成8年6月に電気学会技術報告　第592号「地中配電ケーブル用接続部の技術動向　-構造と試験方法-」として報告された。

　一方，特別電圧(11kV〜77kV)架橋ポリエチレンケーブルおよび接続部の高電圧試験法についてはJEC-208およびJEC-209として規格制定されていたが，275kVまでへの範囲拡大を含めた見直しが行われ，平成9年7月にJEC-3408-1997「特別高圧(11kV〜275kV)架橋ポリエチレンケーブルおよび接続部の高電圧試験法」へと改訂されている。

　このような状況から高圧(6kV)CVケーブル用接続部の試験法についても，日本の施設環境や設備形態を踏まえた合理的な試験法を確立するため，平成8年12月に「高圧(6kV)CVケーブル用接続部の試験法標準特別委員会」を設置し制定作業に着手した。以来2年余の，審議期間を経て，平成11年4月に成案を得た後，平成11年9月30日に電気規格調査会委員会総会の承認を経て制定されたものである。

　本規格は形式試験について規格し，新たに試験系列という考え方を導入するとともに，各試験項目の試験電圧値についても，これまでの使用実績を考慮しつつ，できるだけ系統上要求される性能レベルから決定するよう心がけた。また，従来，用いられていたフラッシオーバ電圧試験は試験電圧値および判定方法を見直すことにより耐電圧試験に変更した。

### 2. 引用規格名

　　　JEC-0102-1994　　　試験電圧標準
　　　JEC-158-1970　　　　標準電圧
　　　JEC-0201-1988　　　交流電圧絶縁試験
　　　JEC-0202-1994　　　インパルス電圧・電流試験一般
　　　JEC-0401-1990　　　部分放電測定
　　　JEC-3408-1997　　　特別高圧(11kV〜275kV)架橋ポリエチレンケーブルおよび接続部の高電圧試験法
　　　JIS Z 8703-1993　　試験場所の標準状態
　　　IEC 60502-4(1997-03) Power cables with extruded insulation and their accessories for rated voltages from 1 kV ($U_m$=1.2 kV) up to 30 kV ($U_m$=36 kV) － Part 4 : Test requirements

on accessories for cables with rated voltages from 6 kV ($U_m$=7.2 kV) up to 30 kV ($U_m$=36 kV)

IEC 60507(1991-04) Artificial pollution tests on high-voltage insulators to be used on a. c. systems

IEC 61442(1997-04) Electric cables-test methods for accessories for power cables with rated voltages from 6 kV ($U_m$=7.2kV) up to 30 kV ($U_m$=36 kV)

## 3. 標準特別委員会

委員会名：高圧(6kV)CVケーブル用接続部の試験法標準特別委員会

| | | | |
|---|---|---|---|
| 委 員 長 | 西村 誠介（横浜国立大学） | 同 | 吉川 英雄（昭和電線電纜） |
| 幹　　事 | 堀越 俊夫（東京電力） | 幹事補佐 | 村田 孝一（東京電力） |
| 同 | 石原 一昭（古河電気工業） | 同 | 田子 誠（古河電気工業） |
| 同 | 松生 徹治（住友電気工業） | 同 | 松村 徹（住友電気工業） |
| 委　　員 | 吉野 昌治（資源エネルギー庁） | 途中退任委員 | 平出 信人（電気事業連合会） |
| 同 | 岩本 光正（東京工業大学） | 同 | 長谷部守邦（日本電線工業会） |
| 同 | 大木 義路（早稲田大学） | 同 | 柿沼 宣紀（北海道電力） |
| 同 | 清水 教之（名古屋大学） | 同 | 西藤 勲（北海道電力） |
| 同 | 関井 康夫（千葉工業大学） | 同 | 矢萩 保雄（東北電力） |
| 同 | 吉村 昇（秋田大学） | 同 | 西 和雄（北陸電力） |
| 同 | 小田切司朗（電気事業連合会） | 同 | 三石 拓治（中部電力） |
| 同 | 小田 英輔（日本電線工業会） | 同 | 金守 泰徳（関西電力） |
| 同 | 辻 康次郎（日本電力ケーブル接続技術協会） | 同 | 内田 哲男（関西電力） |
| 同 | 森 範宏（電線総合技術センター） | 同 | 野間 勲（中国電力） |
| 同 | 石井 朝雄（北海道電力） | 同 | 別府 薫（四国電力） |
| 同 | 小野 保彦（東北電力） | 同 | 関谷 昌之（四国電力） |
| 同 | 酒井 英治（北陸電力） | 同 | 前田 敬治（九州電力） |
| 同 | 渡邊 誠（中部電力） | 同 | 知念 光男（沖縄電力） |
| 同 | 大田 幸治（関西電力） | 同 | 鳩間 国弘（沖縄電力） |
| 同 | 木村 剛（中国電力） | 同 | 天野 大（東海旅客鉄道） |
| 同 | 多賀 裕司（四国電力） | 同 | 安藤 建一（三菱電線工業） |
| 同 | 柿本 仁司（九州電力） | 同 | 石井 徳博（昭和電線電纜） |
| 同 | 濱元 朝也（沖縄電力） | 同 | 日暮 恵一（昭和電線電纜） |
| 同 | 今城 尚久（電力中央研究所） | 途中退任幹事補佐 | 篠原 典史（東京電力） |
| 同 | 江川健太郎（東日本旅客鉄道） | 同 | 横須賀孝一（東京電力） |
| 同 | 坂下 則明（東海旅客鉄道） | | |
| 同 | 立花 清次（西日本旅客鉄道） | 作 業 会 | |
| 同 | 菅生 順之（フジクラ） | 主　　査 | 堀越 俊夫（東京電力） |
| 同 | 杣 謙一郎（日立電線） | 幹　　事 | 田子 誠（古河電気工業） |
| 同 | 杉山 敬二（三菱電線工業） | 同 | 松村 徹（住友電気工業） |

| 委　員 | 北川　秀樹 | （日本電力ケーブル接続技術協会：朝日金属精工） | 幹事補佐 | 村田　孝一 | （東京電力） |
| 同 | 松土　忠彦 | （日本電力ケーブル接続技術協会：井上製作所） | 同 | 藤井　茂 | （古河電気工業） |
| 同 | 小池　洋二 | （フジクラ） | 同 | 藤原　義晃 | （住友電気工業） |
| 同 | 田沢佐智夫 | （日立電線） | 途中退任幹事補佐 | 篠原　典史 | （東京電力） |
| 同 | 前田　静穂 | （三菱電線工業） | 同 | 横須賀孝一 | （東京電力） |
| 同 | 小林　裕 | （昭和電線電纜） | 同 | 高橋　幸三 | （古河電気工業） |

## 4. 電線・ケーブル部会

| 委員長 | 岩田　善輔 | （古河電気工業） | 1号委員 | 鶴見　策郎 | （東京理科大学） |
| 1号委員 | 赤嶺　淳一 | （日本電機工業会） | 同 | 福永　定夫 | （住友電気工業） |
| 同 | 小田　英輔 | （日本電線工業会） | 同 | 丸茂　守忠 | （日立電線） |
| 同 | 尾鷲　正幸 | （昭和電線電纜） | 同 | 柳沢　健史 | （古河電気工業） |
| 同 | 勝田　銀造 | （東京電力） | 同 | 横山　博 | （東京電力） |
| 同 | 小林　輝雄 | （東日本旅客鉄道） | 同 | 吉田昭太郎 | （フジクラ） |
| 同 | 小森園和弘 | （関電工） | 幹　事 | 波多　宏之 | （古河電気工業） |
| 同 | 杉山　敬二 | （三菱電線工業） | 2号委員 | 西村　誠介 | （横浜国立大学） |
| 同 | 辻　康次郎 | （日本電力ケーブル接続技術協会） | | | |

## 5. 電気規格調査会

| 会　長 | 関根　泰次 | （東京理科大学） | 理　事 | 八木　誠 | （関西電力） |
| 副会長 | 大野　榮一 | （三菱電機） | 1号委員 | 奥村　浩士 | （学会調査担当副会長） |
| 同 | 鈴木　俊男 | （電力中央研究所） | 同 | 尾崎　康夫 | （学会調査理事） |
| 理　事 | 今駒　嵩 | （日本ガイシ） | 2号委員 | 荒井　聰明 | （東京電機大学） |
| 同 | 岩田　善輔 | （古河電気工業） | 同 | 堺　孝夫 | （武蔵工業大学） |
| 同 | 奥村　浩士 | （学会調査担当副会長） | 同 | 小山　茂夫 | （日本大学） |
| 同 | 尾崎　康夫 | （学会調査理事） | 同 | 上田　晥亮 | （京都大学） |
| 同 | 尾崎　之孝 | （東京電力） | 同 | 豊田　淳一 | （八戸工業大学） |
| 同 | 尾関　雅則 | （日本鉄道電気技術協会） | 同 | 白取　健治 | （運輸省） |
| 同 | 楠井　昭二 | （日本工業大学） | 同 | 神本　正行 | （電子技術総合研究所） |
| 同 | 佐々木宜彦 | （資源エネルギー庁） | 同 | 江川健太郎 | （東日本旅客鉄道） |
| 同 | 高井　明 | （富士電機） | 同 | 藤田　勝史 | （北海道電力） |
| 同 | 田里　誠 | （東　芝） | 同 | 木村　喬 | （東北電力） |
| 同 | 中西　邦雄 | （横浜国立大学） | 同 | 長坂　秀雄 | （北陸電力） |
| 同 | 中村　亨 | （明電舎） | 同 | 河津譽四男 | （中部電力） |
| 同 | 八田　勲 | （工業技術院） | 同 | 細田　順弘 | （中国電力） |
| 同 | 日野　太郎 | （神奈川大学） | 同 | 高島　弘 | （四国電力） |
| 同 | 布施　和夫 | （電源開発） | 同 | 緒方　誠一 | （九州電力） |
| 同 | 牧野　淳一 | （日立製作所） | 同 | 山田　生實 | （安川電機） |
| 同 | 村上　陽一 | （日本電機工業会） | 同 | 三宅　敏明 | （松下電器産業） |

| | | | | | | |
|---|---|---|---|---|---|---|
| 2号委員 | 福田 達夫 | （横河電機） | | 3号委員 | 辻倉 洋右 | （保護リレー装置） |
| 同 | 林 幹朗 | （日新電機） | | 同 | 猪狩 武尚 | （回転機） |
| 同 | 鈴木 兼四 | （住友電気工業） | | 同 | 杉本 俊郎 | （電力用変圧器） |
| 同 | 吉田 昭太郎 | （フジクラ） | | 同 | 中西 邦雄 | （開閉装置） |
| 同 | 水野 幸信 | （帝都高速度交通営団） | | 同 | 河村 達雄 | （ガス絶縁開閉装置，標準電圧，高電圧試験方法） |
| 同 | 服部 正志 | （新日本製鐵） | | 同 | 松瀬 貢規 | （パワーエレクトロニクス） |
| 同 | 鈴木 英昭 | （日本原子力発電） | | 同 | 河本 康太郎 | （工業用電気加熱装置） |
| 同 | 福島 彰 | （日本船舶標準協会） | | 同 | 稲葉 次紀 | （ヒューズ） |
| 同 | 浅井 功 | （日本電気協会） | | 同 | 西松 峯昭 | （電力用コンデンサ） |
| 同 | 飯田 眞 | （日本電設工業協会） | | 同 | 河野 照哉 | （避雷器） |
| 同 | 廣田 泰輔 | （日本電球工業会） | | 同 | 布施 和夫 | （水　車） |
| 同 | 新畑 隆司 | （日本電気計測器工業会） | | 同 | 坂本 雄吉 | （架空送電線路） |
| 3号委員 | 岡部 洋一 | （電気専門用語） | | 同 | 尾崎 勇造 | （絶縁協調） |
| 同 | 徳田 正満 | （電磁両立性） | | 同 | 高須 和彦 | （がいし） |
| 同 | 小金 実 | （電力量計測・負荷制御装置） | | 同 | 芹澤 康夫 | （短絡電流） |
| 同 | 北川 英雄 | （計器用変成器） | | 同 | 岡 圭介 | （活線作業用工具・設備） |
| 同 | 佐藤 中一 | （電力用通信） | | 同 | 日野 太郎 | （電気材料） |
| 同 | 河田 良夫 | （計測・制御及び研究用機器の安全性） | | 同 | 岩田 善輔 | （電線・ケーブル） |
| 同 | 平山 宏之 | （電磁気量計測器） | | 同 | 尾関 雅則 | （鉄道電気設備） |

#  JEC-3409-1999

電気学会　電気規格調査会標準規格

# 高圧(6kV)架橋ポリエチレンケーブル用接続部の試験法

## 目　　次

1. 適　用　範　囲 …………………………………………………………………………………7
2. 用　語　の　意　味 ………………………………………………………………………………7
   2.1 公　称　電　圧 ………………………………………………………………………………7
   2.2 系統の最高電圧 ……………………………………………………………………………7
   2.3 ケーブル最高電圧 …………………………………………………………………………7
   2.4 常規使用電圧 ………………………………………………………………………………7
   2.5 過　電　圧 ……………………………………………………………………………………8
   2.6 商用周波過電圧 ……………………………………………………………………………8
   2.7 開閉過電圧 …………………………………………………………………………………8
   2.8 雷　過　電　圧 ………………………………………………………………………………8
   2.9 $V-t$ 特性 ……………………………………………………………………………………8
   2.10 常　　　温 …………………………………………………………………………………8
   2.11 終端接続部 …………………………………………………………………………………8
   2.12 直線接続部 …………………………………………………………………………………8
   2.13 機器直結接続部 ……………………………………………………………………………8
   2.14 試　験　系　列 ……………………………………………………………………………8
3. 試　験　の　目　的 ……………………………………………………………………………8
4. 試験項目および試験系列 ………………………………………………………………………9
   4.1 試　験　項　目 ……………………………………………………………………………9
   4.2 試　験　系　列 ……………………………………………………………………………9
5. 雷インパルス耐電圧試験 ……………………………………………………………………10
6. 商用周波耐電圧試験 …………………………………………………………………………12
7. 商用周波電圧部分放電試験 …………………………………………………………………13
8. 長期課通電試験 ………………………………………………………………………………14
9. 気　密　試　験 ………………………………………………………………………………15
10. 注水商用周波耐電圧試験 ……………………………………………………………………16
11. 商用周波電圧汚損試験 ………………………………………………………………………17
参　　　考 …………………………………………………………………………………………19

1. 耐電流試験 …………………………………………………………………………………………19
2. 本規格の審議経緯 …………………………………………………………………………………20
　2.1 試験項目の選定 …………………………………………………………………………………20
　2.2 長期課通電試験方法の決定経緯 ……………………………………………………………25
　2.3 注水商用周波耐電圧試験について …………………………………………………………26
　2.4 商用周波電圧汚損試験について ……………………………………………………………28

# JEC-3409-1999

電気学会　電気規格調査会標準規格

# 高圧(6kV)架橋ポリエチレンケーブル用接続部の試験法

## 1. 適 用 範 囲

この規格は，公称電圧6.6kVの三相交流回路（中性点非接地系）に使用する架橋ポリエチレンケーブル（以下CVケーブル）用接続部の試験法に適用する。

備考1．導体許容温度が，次のように規定されているCVケーブルに使用される接続部に適用する。
  常　時：90℃
  短時間：105℃
  瞬　時：230℃
2．50Hzまたは60Hzの周波数で使用されるCVケーブル用接続部に適用する。
3．単心ケーブルおよびトリプレックスケーブル用接続部に適用する。

## 2. 用 語 の 意 味

本規格で使用される用語の意味を以下に示す。なお，電気学会電気専門用語集 No.17（絶縁協調・高電圧試験）に採録されているものについては，その番号を括弧内に示す。

### 2.1　公称電圧（2.01）

系統を代表する電圧（線間電圧で表す）。

備考　JEC-158-1970（標準電圧）に定められた公称電圧。

### 2.2　系統の最高電圧（2.02）

系統に通常発生する最高の電圧（線間電圧で表す）。

備考　JEC-158-1970（標準電圧）に定められた電線路の最高電圧。

### 2.3　ケーブル最高電圧

ケーブルの絶縁設計に用いられる最高電圧（線間電圧で表す）。

解説1　ケーブル最高電圧　従来から，CVケーブルの高電圧試験法では，交流過電圧を考える上で，「系統に発生する最高電圧」として，JEC-158-1970（標準電圧）に定義される6.9kVを採用してきたが，電力用機器においては絶縁設計上の定格電圧として7.2kVが用いられている場合が多い。JEC-3408-1997においてもこのような考え方で「ケーブル最高電圧」が用いられていることを考慮して，本規格においても，「ケーブル最高電圧」として，7.2kVを導入することとした。

### 2.4　常規使用電圧

通常の運転下で系統に発生する電圧。

 備考　一般に常規使用電圧の最も高い電圧が系統の最高電圧に対応する。

### 2.5　過電圧 (3.01)

系統のある地点の相-大地間，あるいは相間に発生する通常の運転電圧を超える電圧。

### 2.6　商用周波過電圧

負荷遮断，一線地絡，直列共振などによって発生する商用周波過電圧。

### 2.7　開閉過電圧

遮断器の開閉操作などによって，系統のある地点の相-大地間，あるいは相間に発生する過電圧。

### 2.8　雷過電圧

直撃雷，逆フラッシオーバ，誘導雷によって，系統のある地点の相-大地間，あるいは相間に発生する過電圧。

### 2.9　$V$-$t$ 特性

交流電圧を印加したときの印加電圧（$V$）と絶縁が破壊するまでの時間（$t$）との関係。

### 2.10　常温

JIS Z 8703-1993 に定める常温（$20\pm15$℃）。

### 2.11　終端接続部

ケーブル終端に組み立てられる接続部。屋内終端接続部，屋外終端接続部，耐塩害終端接続部などがある。

### 2.12　直線接続部

ケーブル相互の接続部。

### 2.13　機器直結接続部

ケーブルと電気機器との接続部。

### 2.14　試験系列

同一試料について連続して行う試験の順序。

## 3.　試験の目的

本規格は形式試験について規定しており，接続部が「常規使用電圧に対して想定した耐用年数（30年）の間耐えること」および「系統に発生する過電圧（商用周波過電圧，雷過電圧，開閉過電圧）に耐えること」を確認するために行う。

 備考　受入試験は製品が形式試験供試品と同等の製造・品質管理状態であることを確認するために行うものであるが，本規格は受入試験として準用することができる。ただし，実施の必要性，実施する場合の頻度および実施内容については当事者間の協議によるものとする。

# 4. 試験項目および試験系列

## 4.1 試験項目

形式試験の試験項目は以下のとおりとする。

(1) 雷インパルス耐電圧試験
(2) 商用周波耐電圧試験
(3) 商用周波電圧部分放電試験
(4) 長期課通電試験
(5) 気密試験
(6) 注水商用周波耐電圧試験
(7) 商用周波電圧汚損試験

## 4.2 試験系列

試験系列は**表1**に示すとおりとし，系列毎の試料は1相分を単位とし，試料数は1とする。

**表1 試験項目および試験系列**

| 試験項目 | | 終端接続部 | | | | 直線接続部 | | | 機器直結接続部 | | |
|---|---|---|---|---|---|---|---|---|---|---|---|
| | | 系列1 | 系列2 | 系列3 | 系列4 | 系列1 | 系列2 | 系列3 | 系列1 | 系列2 | 系列3 |
| 商用周波耐電圧試験 | 試験1 | ① | － | － | － | ① | － | － | ① | － | － |
| | 試験2 | | ③ | － | － | | ③ | ③ | | ③ | ③ |
| 雷インパルス耐電圧試験 | | ② | ② | － | － | ② | ② | ② | ② | ② | ② |
| 商用周波電圧部分放電試験 | | ③ | ④ | － | － | ③ | ④ | ④ | ③ | ④ | ④ |
| 長期課通電試験 | 気中 | － | ① | － | － | － | ① | － | － | ① | － |
| | 水中 | － | － | － | － | － | － | ① | － | － | ① |
| 気密試験 | | － | ⑤ | － | － | － | ⑤ | ⑤ | － | ⑤ | ⑤ |
| 注水商用周波耐電圧試験 | | － | － | ①屋内を除く | － | － | － | － | － | － | － |
| 商用周波電圧汚損試験 | | － | － | － | ① | － | － | － | － | － | － |

**注**(1) 試験2は長期課通電試験後の耐電圧試験に適用し，それ以外には，試験1を適用する。
**注**(2) ○内の数字は試験の順序を示す。

また各試験項目毎の試料の配置は**表2**のとおりとする。

表2 試料の配置

| 試験項目 | 屋内外終端接続部 | 直線接続部 | 機器直結接続部 |
|---|---|---|---|
| 雷インパルス耐電圧試験<br>商用周波耐電圧試験<br>商用周波電圧部分放電試験<br>長期課通電試験<br>注水商用周波耐電圧試験<br>商用周波電圧汚損試験 | 試験用終端接続部　供試接続部 | 試験用終端接続部　試験用終端接続部<br>供試接続部 | 試験用終端接続部　供試接続部 |
| 気 密 試 験 | 供試接続部<br>内圧 → | 外水圧↓<br>供試接続部 | 供試接続部<br>内圧 → |

備考1　当事者間の協議により試験系列の統合や省略を行ってもよい。
　　　例えば，同一仕様の接続部に関しては代表サイズで全試験系列を実施すれば他サイズにおいて系列1のみを実施するなど，一部の系列を省略してもよい。
備考2　機器直結接続部の試験を行う場合には，機器を模擬した試験用ブッシングまたは試験用絶縁栓を使用する。なお供試接続部以外で絶縁破壊した場合は，何らかの処理を行って再試験を行うことができる。再試験は絶縁破壊前の印加回数または印加時間の残りを行えばよい。
解説2　試験系列　　効率的な試料の利用ができ，同時に長期課通電試験後に雷インパルス耐電圧試験を実施するなど，実使用を模擬した合理的な試験ができる順序を示したものである。ただし，判定は試験項目毎に行うものとする。
解説3　系列の考え方
　　（1）　終端接続部の各系列の考え方は以下のとおりである。
　　　　系列1：想定した耐用年数の末期においても，常規使用電圧（対地間）で部分放電が発生していないことを確認するために行う。
　　　　系列2：想定した耐用年数の間の温度変化に耐えること，および温度変化に対し気密が保たれることを確認するために行う。
　　　　系列3：降雨に対して十分な外部絶縁強度を有することを確認するために行う。
　　　　系列4：塩分，塵埃などの汚損に対して十分な外部絶縁強度を有することを確認するために行う。
　　（2）　直線接続部および機器直結接続部の各系列の考え方は以下のとおりである。
　　　　系列1：想定した耐用年数の末期においても，常規使用電圧（対地間）で部分放電が発生していないことを確認するために行う。
　　　　系列2，3：想定した耐用年数の間の温度変化に耐えること，および温度変化に対し気密が保たれることを確認するために行う。

# 5. 雷インパルス耐電圧試験

## 5.1　試験条件

（1）　試験電圧の波形　　JEC-0202-1994（インパルス電圧・電流試験一般）に規定されている標準雷インパ

ルス電圧波形とする。ただし，試験設備の関係で標準波頭長が得られない場合は，波頭長が0.5〜5$\mu$sの範囲に入っていればよいものとする。

（2） 試験時の温度　試料に接続されるケーブルの導体温度は常温（常温試験），または90℃（高温試験）とする。

## 5.2　試験電圧値

試験電圧値は**表3**のとおりとする。

**表3**　雷インパルス試験電圧値

| 常温試験電圧値 kV | 85 |
|---|---|
| 高温試験電圧値 kV | 70 |

**解説4**　試験電圧値の決定　機器の雷インパルス試験電圧値はJEC-0102-1994（試験電圧標準）にて規定されているが，ケーブル用接続部においては温度や組立条件などの影響が大きいことから，次式により試験電圧値を求めた。

$$試験電圧値 = LIWV \times K_1 \times K_3$$

ここに，LIWV：機器の雷インパルス試験電圧値のうち大きい方の値　　LIWV = 60kV
　　　　$K_1$：温度係数　　常温の場合　　$K_1 = 1.25$
　　　　　　　　　　　　　高温の場合　　$K_1 = 1.0$
　　　　$K_3$：裕度　　$K_3 = 1.1$

温度係数$K_1$は，常温と導体許容温度90℃での破壊電圧の比から1.25と決めた。したがって，高温試験の場合は$K_1 = 1.0$とする。また，機器の雷インパルス試験電圧値はJEC-0102-1994（試験電圧標準）に規定されており，**解説1**に示すとおり2種類あるが，試験電圧値を一本化するため，LIWVとしては**解説表1**の大きい方の値（60kV）を用いることとした。
裕度$K_3$は，ケーブル用接続部が現地組立であることを考慮したものである。試験電圧値は5kV単位で切り上げた。

**解説表1**　機器の雷インパルス試験電圧値

| 公称電圧　kV | 6.6 |
|---|---|
| 機器の雷インパルス試験電圧値 kV | 45 |
|  | 60 |

## 5.3　試験電圧の極性および印加回数

極性については正負の両極性とし，正極性を3回印加の後，負極性を3回印加する。

**解説5**　試験電圧の極性および印加間隔　冬季雷を含めると，雷に両極性があることから試験電圧は正負両極性とした。極性を切り替える場合は残留電荷の影響がないよう十分な試験間隔をとるものとする。

**解説6**　印加回数　試験電圧値は，繰返し課電による影響がみられない電界強度の範囲であることから，従来の実績およびJEC-0102-1994（試験電圧標準）を考慮して3回とした。

## 5.4　判　定

以上の雷インパルス耐電圧試験において，試料に絶縁破壊が生じないこと。

# 6. 商用周波耐電圧試験

## 6.1 試験条件
（1） 試験電圧の周波数および波形　JEC-0201-1988（交流電圧絶縁試験）の **4.4**（試験電圧）による。
（2） 試験時の温度　試料に接続されるケーブルの導体温度は常温（常温試験），または90℃（高温試験）とする。

## 6.2 試験電圧値および試験時間
試験電圧値および試験時間は**表4**のとおりとする。ただし，電圧印加を中断した場合は，引き続いて試験時間の残り分の試験を行う。

**表4** 試験電圧値および試験時間

|  | 試験1 | | 試験2 | |
|---|---|---|---|---|
|  | 電圧 kV | 時間(分) | 電圧 kV | 時間(分) |
| 常温試験 | 22 | 60 | 10 | 1 |
| 高温試験 | 19 | 60 | 8.5 | 1 |

**注** 試験2は長期課通電試験後の耐電圧試験に適用し，それ以外には，試験1を適用する。

**解説7**　試験電圧値および試験時間の決定
（1）　試験1

試験時間については，従来からの実績や簡便さを考慮して60分とした。
試験電圧値は次式により求めた。

$$試験電圧値 = \left(\frac{U_m}{\sqrt{3}}\right) \times K_1 \times K_2 \times K_3$$

ここに，$U_m$：ケーブル最高電圧　　$U_m = 7.2\text{kV}$
　　　　$K_1$：温度係数　　常温の場合　$K_1 = 1.2$
　　　　　　　　　　　　　高温の場合　$K_1 = 1.0$
　　　　$K_2$：劣化係数　　$n = 9$の場合　$K_2 = 4.0$　　（$n$：$V$-$t$特性の寿命指数）
　　　　$K_3$：裕　度　　$K_3 = 1.1$

従来，試験電圧値は，ケーブルの絶縁性能の実績値から求めた値を採用してきた。しかしながら，本規格では，本来接続部に必要とされる性能を要求すべきであるとの考えから必要性能（ケーブル最高電圧）にもとづく値を採用することとした。なお，この考え方は，**JEC-3408**-1997でも使われている。

温度係数 $K_1$ は，従来1.1としていたが，最近の CV ケーブルおよび接続部の破壊データ調査結果から1.2を採用することとした。したがって，試験を導体温度90℃で行う場合は $K_1 = 1.0$ とする。

劣化係数 $K_2$ は，$V$-$t$ 特性が寿命指数 $n$ にもとづくと考えて求めている。JEC-3408-1997では水分の浸入のない状態を前提に $n = 15$ を採用している。しかしながら，本規格においては布設状況を必ずしも水の無い状態に限定できないこと，および浸水した場合の寿命指数に関するデータや実績が十分でないことから，従来の $n = 9$ を用いた。$n = 9$ を用いた場合，劣化係数 $K_2$ は次式から4.0となる。

$$K_2 = \left(\frac{想定した耐用年数}{試験期間}\right)^{1/n} = \left(\frac{30年}{1時間}\right)^{1/9}$$

（2） 試験2

試験時間については，JEC-3408-1997では従来の実績を考慮して10分間と定めているが，実線路で発生する過電圧の持続時間が2秒程度であること，および試験の便宜性を考慮して1分間とした。試験電圧値は次式から求めた。

$$試験電圧値 = \left(\frac{U_m}{\sqrt{3}}\right) \times C_1 \times K_1$$

ここに， $U_m$：ケーブル最高電圧　　$U_m = 7.2\mathrm{kV}$
　　　　 $C_1$：商用周波過電圧倍数　　$C_1 = 2.0$
　　　　 $K_1$：温度係数　　常温の場合　　$K_1 = 1.2$
　　　　　　　　　　　　　　高温の場合　　$K_1 = 1.0$

ここで，$C_1$は非有効接地系の一線地絡時の健全相の電圧上昇倍数から2.0とした。

**解説8** 電圧印加を中断した場合の取り扱い　　試験電圧値を決める $V$-$t$ 特性には，累積劣化則が成り立つと考えられているので，引き続いて課電を再開し，その合計時間で評価すればよいこととした。

### 6.3 判　定

以上の商用周波耐電圧試験において，試料に絶縁破壊が生じないこと。

# 7. 商用周波電圧部分放電試験

### 7.1 試験条件

（1） 試験電圧の周波数および波形　　JEC-0201-1988（交流電圧絶縁試験）の **4.4**（試験電圧）による。

（2） 試験時の温度　　試料に接続されるケーブルの導体温度は常温とする。

### 7.2 試験方法

（1） 測定方法　　JEC-0401-1990（部分放電測定）により，部分放電消滅電圧を測定する。ただし，印加電圧の上限値は10kVとし，この電圧で部分放電が発生しない場合には，試験を終了するものとする。

（2） 測定時間　　試験上限の電圧，および部分放電消滅電圧測定時の電圧印加時間は1分間とする。なお，突発性ノイズが発生した場合は印加時間を延長してもよい。

（3） 検出感度　　10pCの部分放電が検出可能なこと。

**解説9** 消滅電圧測定の理由　　線路上で生じる過電圧において部分放電が発生しても，常規使用電圧（対地間）に戻れば放電が消滅していればよいとする考え方により，部分放電消滅電圧を測定することとした。

**解説10** 印加電圧の上限値　　必要以上の高い電圧を印加することによる劣化を極力避けるため，印加電圧の上限値を定めることとした。
従来の考え方を考慮すると，印加電圧の上限値は次式により求められ11kVとなるが，長期課通電試験後の耐電圧値に合わせて10kVとした。

$$上限値 = \left(\frac{U_m}{\sqrt{3}}\right) \times C_1 \times K_1$$

ここに， $U_m$：ケーブル最高電圧　　$U_m : 7.2\mathrm{kV}$
　　　　 $C_1$：商用周波過電圧倍数　　$C_1 = 2.0$
　　　　 $K_1$：温度係数　　$K_1 = 1.2$

**解説11** 測定時間　　突発性ノイズの発生などの放電の不規則性を考慮して，部分放電を確認できる時間として1

分を採用した。

**解説**12　検出感度　　従来の6kV級接続部の実績を考慮し，10pCとした。

### 7.3　判　定

印加電圧の上限値で放電が発生しないか，または消滅電圧が5.5kV以上であること。

**解説**13　部分放電消滅電圧値の決定　　部分放電消滅電圧値は次式により求めた。

$$消滅電圧値 = \left(\frac{U_m}{\sqrt{3}}\right) \times K_3 \times K_4$$

ここに，　$U_m$：ケーブル最高電圧　　$U_m = 7.2\text{kV}$
　　　　　$K_3$：裕　度　　$K_3 = 1.1$
　　　　　$K_4$：部分放電消滅電圧に対する部分放電開始電圧の比　　$K_4 = 1.2$

# 8. 長期課通電試験

### 8.1　試験条件

（1）　試験電圧の周波数および波形　　JEC-0201-1988（交流電圧絶縁試験）の4.4（試験電圧）による。

（2）　ヒートサイクル　　通電により，8時間通電/16時間停止をめどに1日1回のヒートサイクルを行う。導体温度は，ケーブルの気中部分の導体温度が6時間以上95～100℃となるように調整する。ただし，機器直結接続部のように定格電流が規定されているものについては，定格電流での試験を行う。

**解説**14　温度規定　　従来の長期課通電試験での導体到達温度は，90℃が採用されてきたが，JEC-3408-1997では，過負荷運転を考慮して90～105℃の範囲で管理することとなった。6kV接続部では，IEC 60502-4（1997-03）に準拠し，過負荷運転を加味した条件として**解説図1**のように95～100℃に管理することとした。

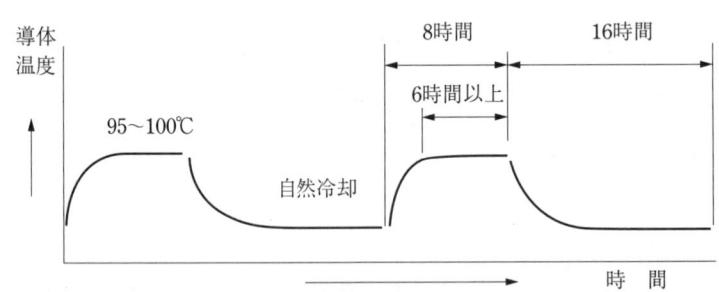

**解説図1**

導体温度の調整は，次のいずれかの方法で行うものとし，方法および温度を記録することが望ましい。
　　a. 試料と同じ環境下で同一電流を流したケーブルの気中部の導体温度を測定し，95～100℃となるように通電電流を制御する。
　　b. あらかじめ導体温度を95～100℃とした状態で測定したケーブルの気中部分のシース表面温度を基準に，試料のケーブルシース表面温度が同等となるように通電電流を調整する。

（3）　試験環境　　終端接続部は気中で試験を行い，直線接続部，機器直結接続部は気中または水中で試験を行う。

**解説**15　布設環境および接続部の構造により，接続部の長期特性に水分の影響が想定される場合について，厳しい環境を模擬した水中での試験を規定した。

### 8.2 試験期間

試験期間は，30日間とする。

ただし，電圧印加を中断した場合は引き続いて残り時間の試験を行う。

**解説16** 試験期間　従来からの実績を考慮して30日間とした。

**解説17** 電圧印加を中断した場合の取り扱い　試験電圧を決める $V$-$t$ 特性には，累積劣化則が成り立つと考えられるので，引き続いて課電を再開し，その合計時間で評価すればよいこととした。

### 8.3 試験電圧値

試験電圧値は，8.5kV とする。

**解説18** 試験電圧値の決定　試験電圧値は，次式により求めた。

$$試験電圧値 = \left(\frac{U_m}{\sqrt{3}}\right) \times K_2$$

ここに，$U_m$：ケーブル最高電圧　$U_m = 7.2\text{kV}$
　　　　$K_2$：劣化係数　$K_2 = 1.93$

この値を切り上げて，8.5kV とする。

劣化係数 $K_2$ は，商用周波耐電圧試験の試験1と同様に $V$-$t$ 特性の寿命指数 $n = 9$ を用い，想定した耐用年数と試験期間の比から求めた。

$$K_2 = \left(\frac{想定した耐用年数}{試験期間}\right)^{1/n} = \left(\frac{30年}{30日}\right)^{1/9}$$

また，実使用時には負荷変動などに伴う温度変化により，絶縁体の膨張・収縮が生じることから，試験はヒートサイクルを加えた状態で行うこととした。したがって，商用周波耐電圧試験で考慮した温度係数 $K_1$ は不要である。

### 8.4 判定

以上の長期課通電試験において，試料に絶縁破壊が生じないこと。

## 9. 気密試験

### 9.1 試験条件

試験時の温度は常温とする。

### 9.2 試験圧力値および試験時間

試験圧力値は以下のとおりとし，試験時間は1時間とする。

終端接続部：49kPa（内圧試験）

直線接続部：98kPa（外圧試験）

機器直結接続部：49kPa（内圧試験）

**解説19** 試験圧力値
終端接続部：通電の有無による最大温度差105℃（−15℃〜90℃）での内圧上昇に裕度を見込んで49kPa（0.5kgf/cm²）とした。
直線接続部：水深10mを想定した。
機器直結接続部：通電の有無による最大温度差105℃（−15℃〜90℃）での内圧上昇に裕度を見込んで49kPa（0.5kgf/cm²）とした。

**解説**20　試験時間　　従来からの実績を考慮して1時間とした。

## 9.3　試験方法

終端接続部：試料を水に浸し，他端から空気または窒素により内圧を加える。

直線接続部：試料を水没させて水圧を加える。

機器直結接続部：試料を水に浸し，他端から空気または窒素により内圧を加える。

## 9.4　判　定

終端接続部：以上の試験において，漏れのないこと。

直線接続部：以上の試験において，しゃへい層の内部まで浸水のないこと。

機器直結接続部：以上の試験において，漏れのないこと。

**備考**　終端接続部のうち屋内用については，気密性能が必要とされない場合もあるため，実施の有無を当事者間で協議して決定してもよい。
　　直線接続部は，水没する場所での使用を考慮して試験条件を決定したが，水分のない場所で使用する場合には，実施の有無を当事者間で協議して決定してもよい。
　　機器直結接続部は，水没しない場所での使用を考慮して試験条件を決定したが，水没する場合には，当事者間で試験条件も含めて協議の上，外水圧試験を実施してもよい。

# 10.　注水商用周波耐電圧試験

## 10.1　試験条件

（1）　試験電圧の周波数および波形　　JEC-0201-1988（交流電圧絶縁試験）の**4.4**（試験電圧）による。

（2）　注水方法　　JEC-0201-1988（交流電圧絶縁試験）の**4.3**（注水状態での試験）による。

## 10.2　試験電圧値および試験時間

試験電圧値：8.5kV

試験時間：1分

**解説**21　試験電圧値の決定　　従来は注水状態でのフラッシオーバ電圧を求め，その平均値が規定された電圧値以上であることを確かめていた。
　　注水試験の目的は終端接続部が降雨時において十分な外部絶縁強度を有することを確認するために行うものであり，フラッシオーバ電圧を求める方法は内部絶縁を有する終端接続部には不適当な場合がある。
　　このことから本規格では耐電圧試験を採用した。
　　試験電圧値は，一線地絡時の健全相の電位上昇を考慮して次式により求めた。

$$試験電圧値 = \left(\frac{U_m}{\sqrt{3}}\right) \times C_1$$

　　ここに，　$U_m$：ケーブル最高電圧　　$U_m = 7.2\text{kV}$
　　　　　　$C_1$：商用周波過電圧倍数　　$C_1 = 2.0$
　　　　　　$C_1$は非有効接地系の一線地絡時の健全相の電圧上昇倍数から2.0とする。

**解説**22　試験時間　　試験時間はJEC-0201-1988（交流電圧絶縁試験）の一般的な時間である1分とした。

## 10.3　判　定

以上の注水商用周波耐電圧試験において，試料にフラッシオーバが生じないこと。

# 11. 商用周波電圧汚損試験

## 11.1 試験条件

（1） 試験電圧の周波数および波形　　JEC-0201-1988（交流電圧絶縁試験）の 4.4（試験電圧）による。

（2） 汚損方法　　JEC-0201-1988（交流電圧絶縁試験）の附属書 2（人工汚損交流電圧試験方法）の等価霧中試験法による。

> 備考　外部絶縁にはっ水性のある有機絶縁材料を使用している終端接続部の場合には，何らかの方法で汚損液がほぼ均一に試料表面に付着するように処理を施す。
>
> 解説23　試験の目的　　この規定の汚損試験は，はっ水性のない終端接続部において外部絶縁が塩塵に汚損された場合でも十分な外部絶縁強度を有することを確認するものである。したがって，はっ水性のある有機絶縁材料を用いた終端接続部においても，はっ水性を除去して実施するものとする。
> はっ水性の除去には，例えばとの粉などで目詰めの処理をしたうえで汚損液を付着させる方法がある。
> はっ水性のある有機絶縁材料の材料劣化試験としては別途 IEC 61442（1997-04）の高湿耐電圧試験法などの試験法がある。
>
> 解説24　等価霧中法の採用　　汚損方法には，JEC-0201-1988（交流電圧絶縁試験）で定印霧中試験法および等価霧中試験法が規定されている。ここでは従来の実績から等価霧中試験法を採用した。

（3） 電圧の印加方法　　汚損液を付着させてから汚損状態が安定するまで（30秒〜3分）待って，電圧を試験電圧値まで速やかに上昇させた後，一定に保つ。

> 解説25　電圧の印加方法　　従来から一般的に用いられている等価霧中試験法では5％フラッシオーバ電圧を求め，その値が規定の電圧値以上であることを確かめていた。汚損試験の目的は終端接続部の外部絶縁が塩塵害に対し十分な絶縁強度を有することを確認するものであり，フラッシオーバ電圧を求める方法は内部絶縁を有する終端接続部には不適当な場合がある。このことから本規格では商用周波耐電圧試験との関係において耐電圧試験を採用した。

## 11.2 試験電圧値，時間および試験回数

試験電圧値は8.5kV とする。試験時間は，試験電圧値を印加した状態で，フラッシオーバが発生するか，または試料の汚損表面が漏れ電流により乾燥して，試料表面に放電が観察されなくなるまでとする。

試験回数は，毎回汚損を更新して5回行う。5回の試験のうち，1回フラッシオーバが生じた場合には，さらに引き続き5回行う。

> 解説26　試験電圧値　　試験電圧値は一線地絡時の健全相の電位上昇を考慮して規定した。試験電圧値は次式により求めた。
>
> $$試験電圧値 = \left(\frac{U_m}{\sqrt{3}}\right) \times C_1$$
>
> ここに，　$U_m$：ケーブル最高電圧　　$U_m = 7.2\mathrm{kV}$
> 　　　　　$C_1$：商用周波過電圧倍数　　$C_1 = 2.0$
> 　　　　　$C_1$は非有効接地系の一線地絡時の健全相の電圧上昇倍数から2.0とした。

## 11.3 汚損度

終端接続部の種類による塩分付着密度を**表5**に示す。

表5 塩分付着量

| 終端接続部種類 | 塩分付着密度 |
|---|---|
| 屋内終端接続部 | 0.01mg/cm² |
| 屋外終端接続部 | 0.06mg/cm² |
| 耐塩害終端接続部 | 0.35mg/cm² |

**解説**27 汚損区分　　従来とられている汚損区分と想定塩分付着密度との関係は**解説表2**（電気協同研究第35巻第3号第1表）のとおりである。

解説表2　標準汚損区分

| 区　分 | | 想定塩分付着密度<br>(mg/cm²) | 備　考 |
|---|---|---|---|
| 一　般　地　区 | | ― | 塩の影響がほとんどなく，塵埃汚損が主で塩害対策を特に必要としない地区で，等価塩分付着密度0.01mg/cm²を目安とする。 |
| 塩害地区 | 軽汚損地区 | 0.03以下 | 塩の影響があり塩害対策を必要とする地区 |
| | 中汚損地区 | 0.03超過〜0.06以下 | |
| | 重汚損地区 | 0.06超過〜0.12以下 | |
| | 超重汚損地区 | 0.12超過〜0.35以下 | |
| | 特殊地区 | 0.35超過 | |

## 11.4　判　定

以上の商用周波電圧汚損試験において，試料は1回もフラッシオーバを生じないこと。または，5回の試験のうち1回フラッシオーバが生じた場合は，さらに引き続き5回行い，このうち1回もフラッシオーバが生じないこと。

**解説**28　判定の考え方　　汚損試験では再現性のある結果を得るのは必ずしも容易でないこと，および自復性絶縁については，**IEC 60507**(1991-04)のように1回または少数回のフラッシオーバは許容するという考え方もあるので，5回の試験のうち1回のフラッシオーバが生じた場合に限り，引き続き5回の電圧の印加を行えることとした。

# 参　　考

## 参考1．耐電流試験

### 1. 試験条件

#### 1.1 試験周波数

試験周波数は50Hz，60Hzのいずれでもよい。

#### 1.2 通電方法

通電は三相電源を用いて三相短絡条件で行うか，または，単相電源を用いて，三相短絡条件と同等の電磁力がかかるような方法で行う。

> 備考　単相電源による試験を接続部に対して実施する場合で，相間に働く電磁力が特に問題になると考えられる場合には，当事者間の協議により，接近した2相に電流を往復させて試験を行ってもよい。
>
> 解説　単相電源を用いて試験を行う場合，試料にかかる電磁力が三相短絡条件より大きくなることがあるので注意が必要である。3相のうち，どの2相を用いるかによって，接続部や支持物に加わる電磁力に差が生じるので，この点を考慮することが必要である。

### 2. 試験電流

試験電流は，12.5kAとする。ただし，他の値を採用する方が好ましい場合は当事者間の協議により決定する。三相試験では3相中最大のものを採り，その最大波高値は定格短時間耐電流の2.5倍とする。また，各相の試験電流は，3相の試験電流からのずれが10%以内でなければならない。

### 3. 流通時間

試験電流の流通時間は，0.4秒とする。ただし，他の値を採用する方が好ましい場合は当事者間の協議により決定する。

### 4. 流通回数

1回とする。

ただし，系統において短絡後の再送電が予測される場合は，当事者間の協議により流通回数を決定する。

### 5. 判定

耐電流試験中および試験後に，接続部に変形，破損等の外観上の異常がないこと。

### 6. 試験結果の記載事項

耐電流試験の結果は，次の各項につき記載する。

（1）　通電の方法　（三相または単相，試験回路，接続部の形態）
（2）　試験電流　　（kAまたはA）
（3）　試験周波数　（Hz）
（4）　流通時間　　（s）
（5）　流通回数　　（回）
（6）　最大波高値　（kAまたはA）

（7） 外観の異常の有無

# 参考2. 本規格の審議経緯

## 2.1 試験項目の選定

（1） 試験項目の選定　地中配電ケーブル用接続部の構造および試験方法などについて体系的に整理することにより，今後要求される特性や機能など将来を見通した技術開発を可能にするため，平成6年4月に電気学会　地中配電ケーブル用接続部技術動向調査専門委員会が発足し，約2年の調査活動を経て，その成果が技術報告・第592号「地中配電ケーブル用接続部の技術動向　-構造と試験方法-」としてまとめられた。成果の概要は，以下のとおりである。

（a） 現在，国内外に用いられている終端，直線，機器直結接続部の構造について，形状，絶縁材料，電界緩和方式，導体接続方法などの実状と特徴および今後の動向を把握した。

（b） アメリカ，ヨーロッパ，日本の各規格の決定機関，位置づけおよび試験項目，方法と性能について，その内容と根拠について調査，整理した。

（c） IEC規格，IEEE規格，JCAA規格などの試験項目について，地中配電ケーブル用接続部評価基準としての妥当性を日本の布設形態や環境などを勘案しながら検討を加え，接続部の試験方法案を提示した。

これを受けて平成8年12月にスタートした「高圧(6kV)CVケーブル用接続部の試験法標準特別委員会」では，先の調査専門委員会で提示された試験項目の中から，構造や施設形態に関わる操作性や安全性に関する項目を除いた基本的な電気性能について，**参考表1**のとおり，試験の目的および規格化の要否判定根拠を明確にした上で，次の評価基準にもとづき試験項目を選定した。

**参考表1　評価基準**

| 分　類 | | 評　価　基　準 | 判　定 |
| --- | --- | --- | --- |
| 必須項目 | A | 試験条件・判定基準が確定している（条件・基準の選択を許す場合は，その選択基準も含めて規定） | ○ |
| 選択項目 | B1 | 試験条件・判定基準は確定している。<br>試験を実施するか否かを協議する必要がある。 | △ |
| | B2 | 試験条件・判定基準が選択になる。<br>試験を実施するか否かを協議する必要がある。<br>試験条件などの取り決めを含めて協議する必要がある。 | × |
| 規格に規定せず | C1 | 試験としては必要だが，現段階では試験方法などの調査や検討が不十分である。 | × |
| | C2 | 試験の必要なし。 | × |

（凡例）　○：規格化する。　　△：参考試験扱いとする。　　×：規格化せず。

試験項目判定内容を**参考表2**に示す。

参考表2　6 kV地中配電ケーブル用接続部　試験項目 (1)

(凡例) ○：規格化する。　×：規格化せず。

| 試験項目 | 試験の目的 | | 6 kV JECでの要否判定および判定根拠 | | 備 考 |
|---|---|---|---|---|---|
| | | | 要否 | 判定根拠 | |
| 雷インパルス耐電圧試験 | 使用中に発生が予想される雷サージに対する絶縁特性を確認する。 | | ○ (A) | 実使用で雷サージ侵入の可能性があるため、本試験項目は必要と考えられる。 | 極性効果を考慮し、正負両極性とする。高温または常温試験とし、常温では劣化係数1.25を含める。 |
| 商用周波耐電圧試験 | 常規使用電圧に対する絶縁特性を確認する。 | | ○ (A) | 実使用で商用周波電圧が課電されており、この試験項目は全ての接続部に必要と考えられる。 | 必要性能から試験電圧値を求めること、V-t特性の寿命指数 n = 9 を用いる。 |
| 商用周波部分放電試験 | 接続部内部に有害なボイド、異物などの欠陥がないことを確認する。 | | ○ (A) | 実使用で商用周波電圧が課電されており、この使用条件下での長期課電劣化を予想する上で、この試験項目は全ての接続部に必要と考える。 | 線路上で生じる過電圧において部分放電が発生しても、常規使用電圧(対地間)に戻れば放電が消滅していればよいとする考え方から、部分放電消滅電圧を測定することとした。 |
| 直流耐電圧試験 | 電気設備技術基準による竣工耐圧試験に対する安全性を確認する。 | | × (C2) | 電協研51巻1号竣工時の直流耐電圧試験程度の電圧を印加してもその性能に影響がないことが確認されている。 | |
| 長期課通電試験 | 実使用状態を模擬し、想定される耐用年数に耐えることを検証する。 | | ○ (A) | 実使用状態に近い環境および使用条件で電圧加速劣化試験を行い、接続部が想定される耐用年数に耐えることを確認するためのものであり、電圧加速により短期間で長期特性を確認するために有効である。 | 6 kV接続部では、IEC 60502-4 (1997)基準に準拠して、過負荷運転を加味した条件として95〜100℃に導体温度を調整することとする。 |
| 気密試験 | 終端接続部 | 通電時の内部圧力上昇により、気密が破れ水分が浸入しないことを確認する。 | 屋内終端：○ (A) 屋外終端：○ (A) | 気密が破れ、接続部からケーブル内部に水分が浸入すると、ケーブル内部の絶縁性能上好ましくない。 | 実績のあるJCAA規格に準拠した。 |
| | 直線接続部 | 接続部が水没した場合水密が保たれることを確認する。 | ○ (A) | 水没したとき水分が浸入すると、接続部からケーブル内部に水分が浸入すると、ケーブルに対して好ましくない。 | |
| | 機器直結部 | 通電時の内部圧力上昇により、気密が破れ水分が浸入しないことを確認する。 | ○ (A) | 気密が破れ、接続部からケーブル内部に水分が浸入すると、ケーブルに対して好ましくない。 | |

**参考表2　6 kV 地中配電ケーブル用接続部　試験項目 (2)**　　　(凡例) ○：規格化する。　×：規格化せず。

| 試験項目 | 試験の目的 | 6 kV JEC での要否判定および判定根拠 ||備　考 |
|---|---|---|---|---|
| ||要否|判定根拠||
| 注水商用周波耐電圧試験 | 終端接続部の外部絶縁が降雨時に十分な絶縁性能を有することを確認する。(屋外終端接続部のみ) | ○(A) | 実使用でフラッシュオーバが生じた場合の影響は大きく確認が必要。 | 従来から実績のある試験方法は、注水試験の場合は注水状態でのフラッシュオーバ電圧を求め、また汚損試験の場合は等価霧中法で5%フラッシュオーバ電圧を求めていた。商用周波耐電圧値を引き下げたことにともない、実際のフラッシュオーバ電圧値が商用周波耐電圧値より高い場合もあり、内部絶縁の試験電圧で破壊してしまう場合もあるため、フラッシュオーバ試験から耐電圧試験に変更した。 |
| 商用周波電圧汚損試験 | 撥水性のない終端接続部において汚損された場合でも十分な外部絶縁強度を有することを確認する。 | ○(A) | 実使用でフラッシュオーバが生じた場合の影響は大きく確認が必要。 | |
| 高湿耐電圧 | 高湿度雰囲気中での長期耐電圧性能(劣化程度)を確認する。(屋内終端接続部のみ) | ×(C1) | 高湿度雰囲気のためで、有機絶縁材料(EPゴム、シリコーンゴム)を採用した終端接続部に対して規定が必要と考える。セラミックス、ガラス製がいしは、高湿下での使用に十分耐えるので除外する。 | 有機絶縁材料を用いたがいしのトラッキングやエロージョン劣化状態を規定しているる試験であるが、国内の環境をふまえて、試験方法の妥当性を検討する必要がある。 |
| 塩水噴霧 | 塩水噴霧雰囲気中での長期耐電圧性能(劣化程度)を確認する。(屋外終端接続部のみ) | ×(C1) | 塩水噴霧雰囲気のためで、有機絶縁材料(EPゴム、シリコーンゴム)を採用した終端接続部に対して規定が必要と考える。セラミックス、ガラス製がいしは、通常の塩水噴霧条件下で、がいし表面の劣化は起こらないので除外する。 | 同　上 |
| 機械的短絡強度試験 | 短絡電磁力による影響を確認する。 | ×(B2) | 配電システムの短絡強度の協調の観点からは必要と考えるが、短絡電流、短絡条件により左右されるの協議が継続期間は、系統運用者間での協議が必要で、製造者と使用者間で一律に規定することができない。 | システムにおける実際の短絡条件が、電力会社と民間設備では異なる場合があり、試験条件を一律に規定することができない。 |
| 熱的短絡強度試験(導体) | 短絡故障電流による導体の温度上昇の影響を確認する。 | ×(B2) | 配電システムの短絡強度の協調の観点からは必要と考えるが、短絡電流、短絡条件により左右されるの協議が継続時間は、系統運用者間での協議が必要で、製造者と使用者間で一律に規定することができない。 | 同　上 |

— 22 —

参考表2 6 kV 地中配電ケーブル用接続部 試験項目（3） （凡例） ○：規格化する。 ×：規格化せず。

| 試験項目 | 試験の目的 | 6 kV JEC での要否判定および判定根拠 || 備考 |
|---|---|---|---|---|
| ^ | ^ | 要否 | 判定根拠 | ^ |
| 熱的短絡強度試験（しゃへい） | 短絡電流がしゃへい層に流れた場合の影響を確認する。 | ×(C1) | 日本国内の配電システムは非接地または抵抗接地系統であり、通常構造では問題にならない。異相地絡の可能性を考慮すると必要であるが、遮断時間等の根拠を出せないため、参考扱いとする。 | システムにおける実際の短絡条件が、電力会社と民間設備では異なる場合があり、試験条件を一律に規定することができない。 |
| 過負荷電流試験（通電温度上昇） | ケーブルが最高使用温度での運転状態であるとき、接続部に影響がないことを確認する。 | ×(C2) | 短時間過負荷運転は保守・運用上必要であり、本試験は組み合わせて実施する。ただし、長期課通電試験の中に組み合わせて実施する方がより簡便で、現実に近い評価試験と考えられるため、個別に試験項目を規定する必要はないと考える。 | 長期課通電試験中に組み合わせて実施することとした。 |
| 導体把持力引張り試験 | 接続部品の導体把持部（端子、スリーブ）にかかる引張り力に対し問題のないことを確認する。 | ×(C1) | 単体部品として規定すべき項目であり、接続部の要求性能としては不要。 | |
| しゃへい層抵抗試験 | 金属しゃへい層なしの接続部において、使用状態で外部半導電層に人体が接触した場合の安全性を確認する。（過渡現象を配慮） | ×(C1) | 判定基準について更に検討が必要。 | |
| しゃへい層地絡容量試験 | 金属しゃへい層なしの接続部において、接続部破壊時に、保護系統が動作するための地絡電流を流すことができることを確認する。 | ×(C1) | 系統保護上、必要である。ただし、使用者により系統保護システムが異なり、試験条件を一律に決められない。 | 開閉条件を規定しないで試験項目として規定できない。 |
| 電流開閉試験 | 負荷電流に対する開閉性能を確認する。 | ×(C1) | 電流開閉を行うコネクタには、性能確認のために必要な項目だが、実際の電流開閉条件を一律に規定することは困難である。 | 操作条件を規定しないで試験項目として規定できない。 |
| 短絡投入試験 | 負荷開閉を行う場合の誤操作時の安全性を確認する。（IEEE 386でロードブレイクコネクタのみ規定がある。） | ×(C1) | 負荷開閉を行うロードブレイクコネクタには、誤作業時の安全性確認のために必要な項目であるが、実際に使用する回路系統によって条件が異なるため、試験条件を決められない。 | 開閉条件を規定しないで試験項目として規定できない。 |

**参考表2** 6kV 地中配電ケーブル用接続部 試験項目（4） （凡例）○：規格化する。 ×：規格化せず。

| 試験項目 | 試験の目的 | 6kV JEC での要否判定および判定根拠 ||備考|
|---|---|---|---|---|
| ||要否|判定根拠||
| 操作力試験 | 操作力が適正であることを確認する。 | ×<br>(C1) | 操作性の点から規定が必要と考える。ただし、接続部の構造により適正値は異なると考えられ、試験条件が決められない。 | 操作条件を規定しないで試験項目として規定できない。 |
| 操作用フック強度試験 | 操作用フックの強度が適正であることを確認する。 | ×<br>(C1) | 最大操作力に耐えることが必要であり、規定が必要と考える。ただし、接続部の構造により適正値は異なると考えられ、試験条件が決められない。 | 操作条件を規定しないで試験項目として規定できない。 |
| 着脱試験 | 着脱作業において異常が発生しないことを確認する。 | ×<br>(C1) | 実使用で着脱を行う場合があり、試験項目として規定が必要と考える。ただし、接続部の構造により適正値は異なると考えられ、試験条件が決められない。 | 操作条件を規定しないで試験項目として規定できない。 |
| 検電部静電容量試験 | 検電端子と導体－しゃへい層との静電容量を測定することで、検電性能を間接的に確認する。 | ×<br>(C1) | 試験条件については製造者と使用者間で協議して決定する必要がある。不特定な検電器に対して最低限必要な特性を規定することであるため使用されている。しかし、種々のあわせた検電器の規格化及び測定環境の条件化が困難であるため、現状では不要とした。 | 検電機構を有する接続部について実施する必要がある。 |
| 検電部電圧試験 | 使用電圧で検電部の確実な動作を確認する。 | ×<br>(C1) | 試験条件について検電部と使用者間で協議して決定する必要がある。不特定な検電器に対して検電部が最低限必要な特性を規定することであるため使用されている。しかし、種々のあわせた検電器の規格化及び測定環境の条件化が困難であるため、現状では不要とした。 | 検電機構を有する接続部について実施する必要がある。 |

その結果選定した試験項目は，以下のとおりである。

　　　雷インパルス耐電圧試験
　　　商用周波耐電圧試験
　　　商用周波電圧部分放電試験
　　　長期課通電試験
　　　気密試験
　　　注水商用周波耐電圧試験
　　　商用周波電圧汚損試験
　　　参考：耐電流試験

なお，本規格に規定していない項目については，前出の技術報告を参照されたい。

（2） 注水フラッシオーバ試験と汚損フラッシオーバ試験の不採用について　従来から実績のある試験方法は，注水試験の場合は注水状態でのフラッシオーバ電圧を求め，また汚損試験の場合は等価霧中法で5％フラッシオーバ電圧を求めていた。

これらフラッシオーバ電圧を求める方法は，本規格では商用周波耐電圧値を引き下げたことにともない，実際のフラッシオーバ電圧値が商用周波耐電圧試験の試験電圧値より高い値となり，内部絶縁で破壊してしまうおそれがでてきた。

本来の試験の目的は外部絶縁が降雨時や塩塵害に対し十分に耐えることを確認するために行うものであり，耐電圧試験で確認した方がこれらの目的に適合している。

このことにより，フラッシオーバ試験から耐電圧試験に変更した。

（3） 耐電流試験を参考試験にした経緯　耐電流試験は，接続部に短絡電流が流れた場合の影響を確認するために行う試験である。この試験としては，短絡電磁力の影響を確認する機械的短絡強度試験と導体またはしゃへい層に短絡電流が流れた場合の温度上昇の影響を確認する熱的短絡強度試験がある。

しゃへい層の熱的短絡強度の確認については，我が国の配電システムが非接地または抵抗接地系統になっており，通常構造では問題にならない。ただし，異相地絡の可能性を考慮すると必要であるが，現段階では遮断時間等の試験方法の調査や検討が不十分であることから，今回，規格化を見送ることとした。

また，機械的短絡強度と導体の熱的短絡強度の確認については，配電システムの短絡強度の観点からは必要と考えるが，短絡電流の大きさや継続時間は系統条件により左右され，さらに系統によっては短絡後に再送電される場合があるため，試験条件を一律に規定することが困難である。

したがって，耐電流試験の通電方法，試験電流，流通時間，流通回数については当事者間の協議により決定してもよいこととし，耐電流試験を参考試験として示した。

## 2.2　長期課通電試験方法の決定経緯

本試験は，接続部が想定した耐用年数の間，使用に耐えることを確認することを目的とし，実使用状態に近い環境および使用条件で電圧加速劣化試験を行うもので，**JEC-3408-1997** にも規定されている。本規格の検討に当たっては，上記JEC規格の考え方を参考にし，IEC規格，IEEE規格およびJCAA規格などの6kV級の国内外規格の内容を調査した上で，高圧(6kV)架橋ポリエチレンケーブル用接続部の使用環境を考慮して試験条件を決定した。

具体的には，各試験条件を次の考え方にもとづき決定した。

（1） 試験環境　　試験環境は，実使用で起こりうる範囲での厳しい条件とすべきであり，直線接続部および機器直結接続部については水中での試験を規定した。

また，実使用環境では，水温は通電電流による接続部の温度上昇により変化するので，試験条件としては規定しないこととした。(外国規格の一部には，試験条件を同一とするため水温を40℃と規定しているものがある。)

（2） ヒートサイクル　　各規格の通電温度条件を調査し，**IEC 60502-4(1997-03)**の通電温度管理方法が最適であると判断した。**参考表3**に各規格に準拠した通電条件を示す。

（3） 試験電圧値　　商用周波耐電圧試験の解説7の考え方により，$n=9$を用いて劣化係数 $K_2$ を算出した。ただし，実際に導体通電ヒートサイクルを行うことから，温度係数 $K_1$ については不要と判断した。

（4） 試験結果の判定　　試験期間に絶縁破壊を生じなければ，想定した耐用年数に相当する長期課通電試験に耐えたものとし，想定した耐用年数経過後の絶縁特性を確認する目的の長期課通電試験後の雷インパルス耐電圧試験，商用周波耐電圧試験の判定とは区分して判断することとした。

### 2.3　注水商用周波耐電圧試験について

（1） 試験電圧値　　従来のフラッシオーバ試験から耐電圧試験への変更にともない，試験電圧値の決定に際しては以下の考え方がある。

（a） 従来から実施されている「注水フラッシオーバ試験」は，フラッシオーバ電圧を17kV以上と規定していた。17kVの根拠は明確ではないが，実際の終端接続部のフラッシオーバ値は十分余裕のある値であるため，従来値を踏襲して試験電圧値を17kVとする。

（b） 種々のがいし類をみると，乾燥時の商用周波フラッシオーバ電圧と，注水時のそれとの比は1.30〜1.88程度となっているので，商用周波耐電圧値の22kVをこの比で除した値とする。

$$\frac{22\text{kV}}{1.3} \sim \frac{22\text{kV}}{1.88} = 16.9\text{kV} \sim 11.7\text{kV}$$

（c） これまで，50%フラッシオーバ電圧が17kV以上であれば性能上問題ないということで運用されていたのであれば，その相対標準偏差($\sigma$)が10%程度であると仮定し，$3\sigma$を考慮した値を耐電圧試験の試験電圧値として採用する。

$$17\text{kV} \times (1-3\sigma) = 11.9\text{kV}$$

（d） 系統としての必要性能から考えた場合，この試験の目的は「降雨時に一線地絡が発生し，健全相の電位上昇が生じたときにも，健全相の終端接続部で地絡事故を生じないこと」を確認することである。この考え方から試験電圧を決定する。

$$試験電圧値 = \left(\frac{U_m}{\sqrt{3}}\right) \times C_1 = 8.3\text{kV}$$

ここに，　$U_m$：ケーブル最高電圧　　$U_m = 7.2\text{kV}$

　　　　　$C_1$：商用周波過電圧倍数　　$C_1 = 2.0$

これらの考え方のうち(b)については，30年間の経年劣化を考慮した内部絶縁の性能検証値である乾燥時試験電圧値(22kV)と，形状で決まる外部絶縁の性能検証を行うための注水時試験電圧値とをこのように結びつけることはできない。

参考表3 長期課通電試験の通電条件比較

| | JCAA規格準拠 | JCAA規格＋過負荷試験 | 導体温度条件のみ<br>IEC 60502-4(1997)規格準拠 | JEC-3408-1997準拠 |
|---|---|---|---|---|
| 通電時間，サイクル | ・8時間通電，16時間停止<br>・30サイクル（30日間） | ・8時間通電，16時間停止<br>・30サイクル（30日間） | ・8時間通電，16時間停止<br>・30サイクル（30日間） | ・8時間通電，16時間停止<br>・30サイクル（30日間） |
| 通電電流 | ・導体温度90°Cで規定<br>（90°Cで電流値制御）<br>・90°C保持時間は規定しない。 | ・導体温度90°Cで28回<br>導体温度105°Cで2回<br>（温度到達で電流値制御銅）<br>・温度保持時間は規定しない。 | ・導体温度95〜100°C<br>（97.5°Cを目標に電流値制御銅，<br>誤差を±2.5°C） | ・導体温度90〜105°Cとなる電流を通電し，試験中90°Cを超える時間の合計は，10時間以上 |
| 停止時の冷却 | ・自然冷却 | ・自然冷却 | ・自然冷却 | ・自然冷却 |
| 導体温度パターン | (グラフ: 90°C, 8h/16h) | (グラフ: 105°C/90°C, 8h/16h) | (グラフ: 100°C/95°C, 8h min6h/16h) | (グラフ: 90°C, 8h/16h, $t$, $\Sigma t > 10h$) |
| 実際の通電方法 | 温度測定用ケーブルに試料と同一電流を流し，導体温度を実測して規定温度を超える場合は，オンオフ制御。90°Cの保持時間は規定しない。 | 同左，ただし，最後の2サイクルの温度条件を「短時間過負荷＝105°C」に制御する。 | ケーブル導体連続許容温度より5〜10°C高い温度に設定し，その温度での保持時間も規定。通電中は，規定温度内でオンオフ制御。 | 8h以内に導体温度が90°Cを超える電流を設定し，ケーブルシース温度の測定からケーブル導体温度を推定する。結果として90°Cを超える時間($t$)が10時間以上。 |

また，（a）と（c）は従来の実績から決める考え方であり，必要性能としての根拠は薄い。

したがって，系統の必要性能値である（d）の考え方を採用することとし，計算値を0.5kV単位で切り上げた値の8.5kVとした。この考え方は「商用周波電圧汚損試験」と同様であり，したがって試験電圧値も同様とした。

（2）試験方法　従来から実績のある試験は注水フラッシオーバ試験であるが，系統の絶縁設計上実際に終端接続部に必要な性能は耐電圧であることから，本規格では耐電圧試験を採用した。試験時間はJEC-0201-1988（交流電圧絶縁試験）の一般的な時間である1分を採用した。

また，注水時の所要性能は，降雨時によく襲雷することを考慮すると注水雷インパルス性能[1]を確認する必要があるが，注水雷インパルス性能は乾燥時雷インパルス性能と大きく変わることがないので，あえて注水状態での試験をしなくても，（乾燥状態）雷インパルス耐電圧試験で代替えすることが可能である。したがって，注水雷インパルス試験は採用しないこととした。

注(1)　注水時の雷インパルス破壊電圧は乾燥状態より10％程度低下するが，乾燥時の試験電圧はLIWVに種々の係数を乗じ裕度を含んだ値となっている。

## 2.4　商用周波電圧汚損試験について

（1）試験電圧値　試験電圧値の決定に関しては，以下の考え方がある。

（a）　5％フラッシオーバ値を系統の最高電圧6.9kV以上とする。

（b）　耐電圧試験値をケーブル最高電圧の7.2kVとする。

（c）　耐電圧試験値を一線地絡時の健全相電圧，8.5kVとする。

これらの考え方の内，（a）は従来から実施されている「汚損フラッシオーバ試験」に沿った考え方であるが，解説25に述べた理由によりフラッシオーバ試験は採用できない。

（b）はフラッシオーバ試験を耐電圧試験に変更したうえで，耐電圧試験値をケーブルの最高電圧とする考え方である。さらに，（c）は「一線地絡事故が発生し健全相電圧の電位上昇が生じた時にも，健全相の終端接続部で地絡事故を発生し相間短絡に移行しないこと」との意義付けが明確にできることから8.5kVを採用することとした。

（2）試験方法と判定　汚損商用周波フラッシオーバ電圧を現用の製品で調査すると，一般の屋外用については，耐電圧試験値8.5kVに対して十分裕度があるが，耐塩害終端接続部（塩分付着密度0.35mg/cm²）については，非常に厳しい値であり，耐電圧試験中にフラッシオーバするおそれがある。

本来，試験電圧値や試験方法は，対象となる品目の性能に左右されるべきものではないが，現在問題なく実用されている既存品が不合格と判定されるのも適当ではないとの考えにより，今回は以下の点を考慮して試験中のフラッシオーバを許容する試験方法（及び判定方法）を採用することとした。

（a）　自復性絶縁である。

（b）　汚損耐電圧値は，ばらつきのある統計的な計測値である。

（c）　IEC，IEEE等では，1回のフラッシオーバは許容し，その後の試験でフラッシオーバしなければ合格とする考え方が一般的である。

フラッシオーバを許容するとなると，その回数が問題となる。

今回採用した，「連続した5回の印加のうち，1回もフラッシオーバしないこと。または5回のうち1回フラッシオーバした場合は，さらに引き続いて5回連続した印加を繰り返し，このうち1回もフラッ

シオーバが生じないこと」という規定は，JEC-211，JEC-183の雷インパルス耐電圧と同様の試験方法である。これは次項に述べる考え方で計算すると，ほぼ1％フラッシオーバ電圧に相当し，十分に耐電圧試験値と呼べるものと考えられる。

(3) フラッシオーバ発生率の計算方法　二項分布する計算値において，発生率 $p$ の現象（フラッシオーバ）が，$n$ 回の試験中に $x$ 回発生する確率は次式で表される。

$$P = \frac{n!}{x! \cdot (n-x)!} \cdot p^x \cdot (1-p)^{n-x}$$

ここで，発生率 $p$ を変数とみて，$n=5$ 回の試験で現象（フラッシオーバ）がほとんど $x=1$ 回しか経験しない発生率において，試験回数をさらに5回追加しても2回目の現象（フラッシオーバ）がほとんど経験しないような発生率 $p$ はほぼ1％程度となる。

Ⓒ 電気学会電気規格調査会 2000

電気規格調査会標準規格

## JEC-3409
### 高圧(6kV)架橋ポリエチレン
### ケーブル用接続部の試験法

2000年3月31日　　第1版第1刷発行

編　者　電気学会電気規格調査会

発行者　田　　中　　久米四郎

発　行　所
株式会社　電　気　書　院

振替口座　00190-5-18837
東京都渋谷区富ケ谷2丁目2-17
〒151-0063 電話(03)3481-5101(代表)

印刷所　松浦印刷株式会社

落丁・乱丁の場合はお取り替え申し上げます。

〈Printed in Japan〉